Todo sobre
Pitágoras

Cuentos matemáticos de Alicia

Este libro recopila información sobre Pitágoras y su famoso Teorema. Se exponen acertijos y demostraciones, comenzando por las ideas más sencillas y aumentando la complejidad a medida que pasamos las páginas. Es adecuado para niños de 10/12 años en adelante.

Todos los derechos registrados.

Más información: www.cuentosmatematicosdealicia.com

ÍNDICE

Pitágoras	6
La Sociedad Pitagórica	8
Mapa Mar Mediterráneo	10
El Pentagrama Pitagórico	12
La Tetraktys	15
Números amigos	16
Números perfectos	17
Números poligonales	18
Música y Astronomía	20
El Teorema de Pitágoras	22
Demostración fácil del Teorema de Pitágoras	25
Puzles Pitagóricos	26
El Triángulo Egipcio	30
Demostración china del Teorema de Pitágoras	32
Ternas pitagóricas	34
La mosca y la araña	36
Acertijo del pozo	40
El Teorema de Pitágoras Generalizado	42
Demostración de Euclides del Teorema de Pitágoras	44

Pitágoras de Samos

Pitágoras fue el primer matemático puro de la historia. Nació en la isla de Samos hacia el año 580 a. C.

Uno de sus maestros fue Tales de Mileto, considerado uno de los Siete Sabios de Grecia, a quien debemos, entre otras cosas, el Teorema de Tales.

Tales de Mileto instó a Pitágoras a viajar para ampliar sus conocimientos. Así Pitágoras visitó Egipto, Arabia, Fenicia, Babilonia e incluso la India.

Estos viajes le permitieron instruirse y recopilar información. Aprendió, entre otras cosas, las Ciencias Matemáticas cultivadas por los babilonios.

Pitágoras no dejó ningún documento. Los primeros textos que narran su vida fueron escritos 150 años después de su muerte. Las personas que escribieron estos textos nunca conocieron a Pitágoras así que contaron lo que habían oído.

Lo que sí se sabe es que fundó una sociedad secreta, la Sociedad Pitagórica. En ella, sus miembros transmitían conocimientos de muy diversas materias, como música, matemáticas, medicina, astronomía y ciencias naturales.

Esta escuela admitía a hombres y mujeres. La disciplina era muy importante, tenían reglas muy estrictas y era una sociedad muy jerarquizada. Esto quiere decir que había unos miembros que eran más importantes que otros.

Para los Pitagóricos todo podía expresarse numéricamente. Le daban mucha importancia a los números y les adjudicaban propiedades. Los clasificaban de diferentes formas: masculinos y femeninos, perfectos o imperfectos... El Número Sagrado para los Pitagóricos era el número diez.

El famoso Teorema de Pitágoras ya era conocido mucho antes de que Pitágoras naciera, pero se le dio este nombre por ser utilizado y demostrado por los Pitagóricos.

En la actualidad se conocen 367 demostraciones del Teorema de Pitágoras. Se piensa que una de ellas es de Leonardo Da Vinci.

La Sociedad Pitagórica

Pitágoras se estableció en Crotona y allí fundó una escuela, la Sociedad Pitagórica.

Era una secta secreta en la que unos miembros enseñaban a otros. Estaba completamente prohibido divulgar los temas que se trataban.

Para los Pitagóricos, la matemáticas eran muy importantes. También lo era la música.

Normas

Los Pitagóricos eran vegetarianos y no tenían pertenencias personales. Debían seguir unas normas muy estrictas.

El final

En el año 460 a. C. las casas de los Pitagóricos fueron saqueadas y quemadas. Algunos murieron y los que sobrevivieron se fueron a vivir a la ciudad de Metaponto.

Pitágoras nació en la isla griega de Samos en el año 580 a. C. aproximadamente. En Crotona estableció la Escuela Pitagórica. Mas tarde, los Pitagóricos tuvieron que marcharse y se instalaron en Metaponto.

Como puedes ver en el mapa, la Civilización Griega se ya se había extendido por la Península Itálica y había ocupado parte de la Península Ibérica.

Civilización griega en el siglo VI a. C.

METAPONTO

CROTONA

SAMOS

MAR MEDITERRÁNEO

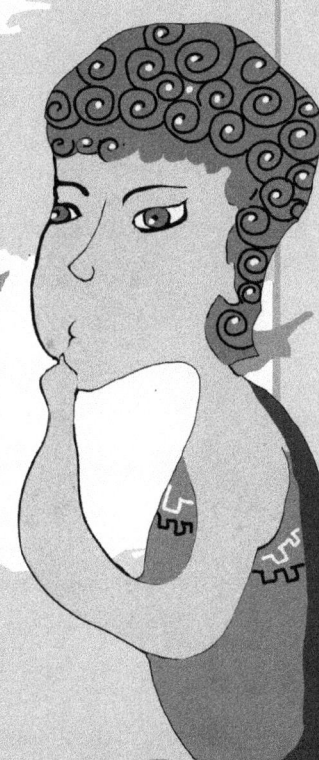

El pentagrama pitagórico

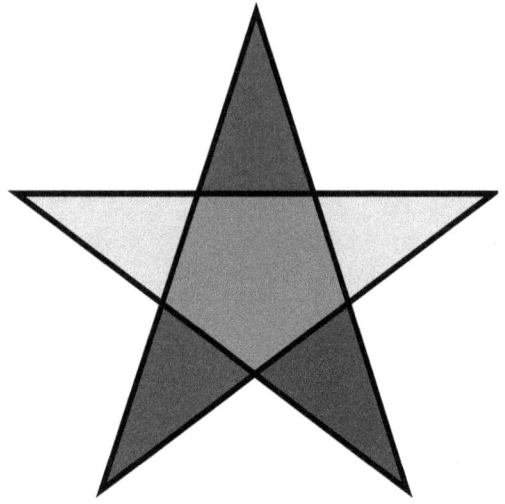

El símbolo secreto que utilizaban los Pitagóricos para identificarse era el **PENTAGRAMA**, una figura formada por cinco líneas en la que puede encontrarse el **Número de Oro** infinidad de veces.

Una de las curiosas propiedades de esta figura es que puede ser trazada sin pasar dos veces por el mismo lado.

En Metaponto se han hallado monedas griegas del siglo V a. C. con el Pentagrama Pitagórico tallado.

El Pentagrama representa el número cinco. Es también llamado Estrella Pitagórica.

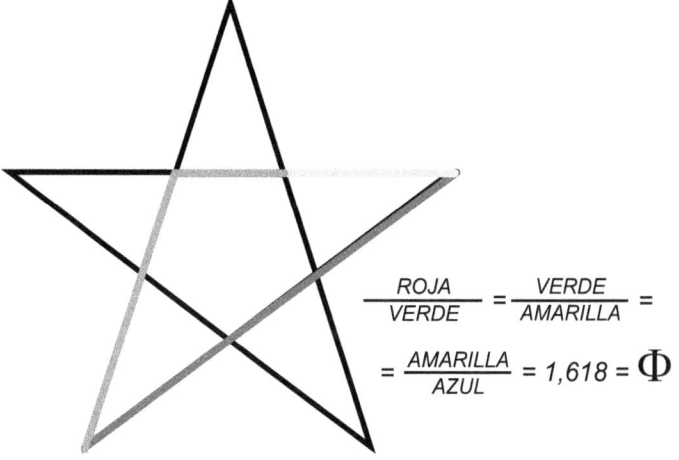

$$\frac{ROJA}{VERDE} = \frac{VERDE}{AMARILLA} = \frac{AMARILLA}{AZUL} = 1{,}618 = \Phi$$

En esta figura podemos encontrar segmentos de diferentes tamaños.

    1 - Los más largos son como el rojo.
    2 - Le siguen los del tamaño del verde
    3 - Más pequeños son del tamaño del amarillo
    4 - Los más pequeños son del tamaño del azul.

Pues bien, si dividimos un segmento entre el siguiente, (el más grande dividido entre el siguiente más pequeño), siempre obtenemos el mismo número: 1,618.

El Número de Oro

El número 1,618 es llamado Número Phi y tiene infinitos decimales. Es un número que aparece en la naturaleza muchas veces y es también llamado Número Áureo o Número de Oro. Muchos artistas y arquitectos griegos y renacentistas utilizaron este número en las proporciones de sus pinturas y esculturas. Un ejemplo lo encontramos en el Partenón de Atenas, del arquitecto y escultor Fidias. De ahí su nombre, Phi. Se representa con la letra griega Phi: Φ.

Los números

Para los Pitagóricos todas las cosas son, en esencia, números, y todo puede expresarse numéricamente.

Pitágoras veía en los números cualidades como personalidad, perfección, belleza... Para los Pitagóricos había números masculinos y femeninos, perfectos o imperfectos.

Los números impares eran números masculinos y los números pares eran femeninos.

TETRAKTYS

La «Tetraktys» es una figura triangular formada por diez puntos colocados en cuatro filas. Fue un símbolo muy importante para los Pitagóricos.

Los números se representaban mediante puntos en un pergamino o con piedrecillas en la arena. Así, la representación del número 10 es la Tetraktys.

El número sagrado de los Pitagóricos era el 10, porque es la suma de los cuatro primeros números.

1+2+3+4=10

NÚMEROS AMIGOS

El 220 y el 284 son números amigos.

¿Por qué? porque los divisores propios de 220 son 1, 2, 4, 5, 10, 11, 20, 22, 44 y 110, que suman 284.

Los divisores propios de 284 son 1, 2, 4, 71 y 142, que suman 220.

También son amigos el 17.296 y el 18.416.

Otra pareja de amigos son el 9.363.584 y el 9.437.056.

> Los divisores propios de un número son todos sus divisores excluyendo al mismo número

NÚMEROS PERFECTOS

Un número perfecto es aquel que es amigo de sí mismo.

El 6 es un número perfecto: sus divisores propios son el 1, el 2 y el 3. Y 1+2+3=6

Son perfectos los números:

6 = 1+2+3

28 = 1+2+4+7+14

496 = 1+2+4+8+16+31+62+124+248

8.128 = 1+2+4+8+16+32+64+127+254+508+1.016+2.032 +4.064

NÚMEROS POLIGONALES

¿Sabes qué es un número pentagonal? ¿Y un número hexagonal? Empezaremos con los números triangulares.

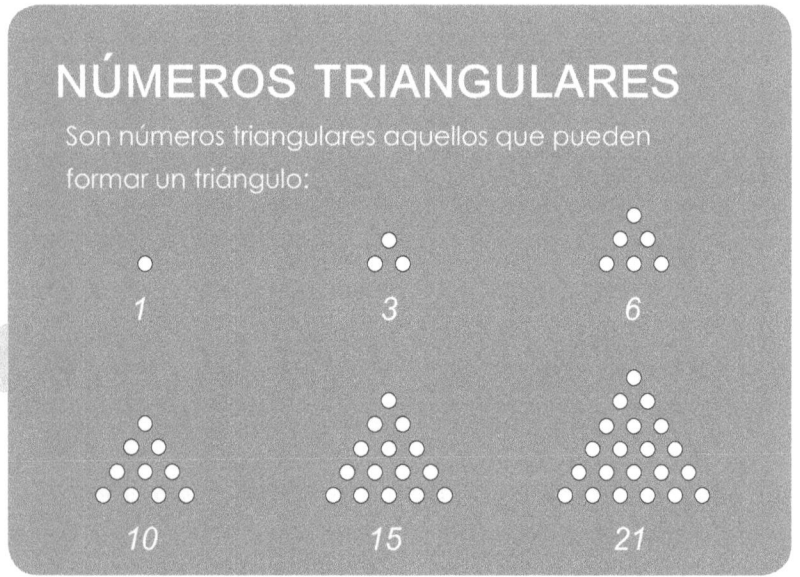

NÚMEROS TRIANGULARES
Son números triangulares aquellos que pueden formar un triángulo:

1   3   6

10   15   21

NÚMEROS CUADRADOS

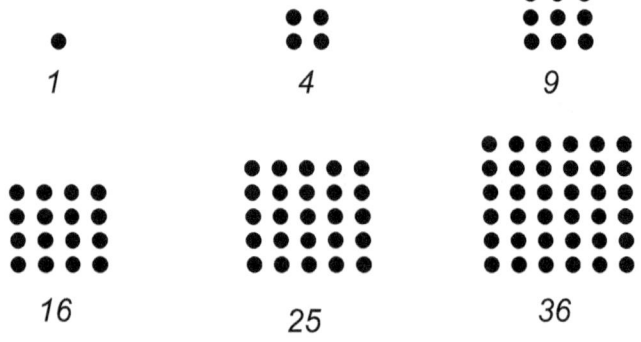

1   4   9

16   25   36

NÚMEROS PENTAGONALES

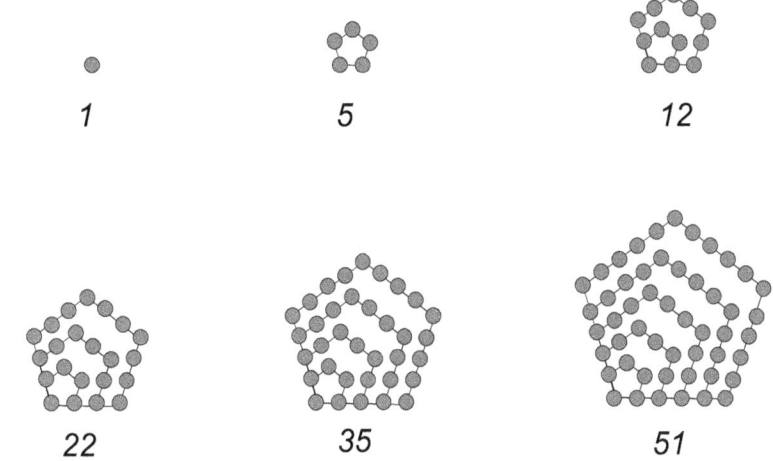

NÚMEROS HEXAGONALES

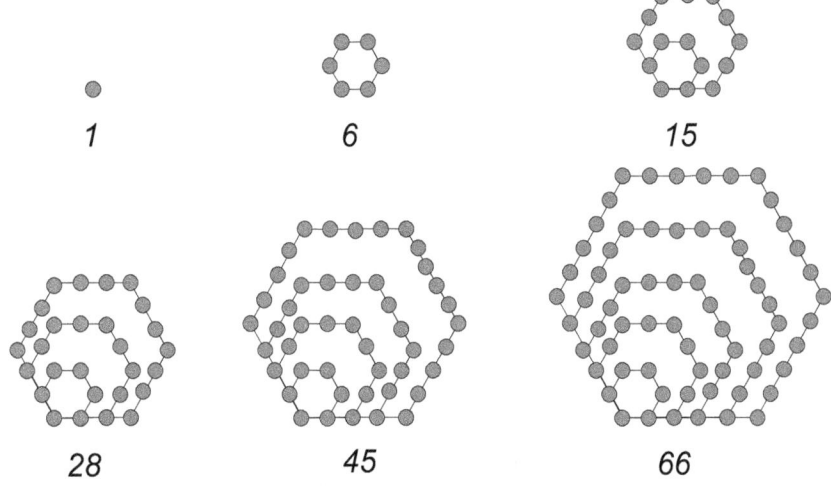

Se cree fueron los Pitagóricos quienes clasificaron los números dibujando polígonos.

Música y Astronomía

Para Pitágoras la educación comenzaba con la música. Los Pitagóricos eran matemáticos, pero también músicos.

La música puede medirse con números, pues cada nota depende de la longitud de la cuerda que la produce. Se confirmaba la teoría de que todo en el universo puede representarse con números.

Crearon una escala musical dividiendo sucesivamente la longitud de las cuerdas de los instrumentos. En esa escala musical se basan las notas musicales que utilizamos hoy en día.

Para los Pitagóricos, la Tierra era una esfera que giraba alrededor de una bola de fuego no visible. El Sol, la Luna y los planetas orbitaban también alrededor de ese cuerpo central. Consideraban que la estrellas estaban fijas.

Pensaban que las distancias entre los cuerpos celestes mantenían la misma proporción que las distancias de la escala musical. De esta forma se producía música celestial.

El Teorema de Pitágoras

En un triángulo rectángulo, la suma del cuadrado de los catetos es igual al cuadrado de la hipotenusa.

Este teorema dice que si conocemos lo que miden los catetos de un triángulo, podemos calcular lo que mide la hipotenusa con la siguiente fórmula:

$$hipotenusa^2 = cateto_1^2 + cateto_2^2$$

Los lados menores del triángulo se llaman Catetos y el lado más largo se llama Hipotenusa.

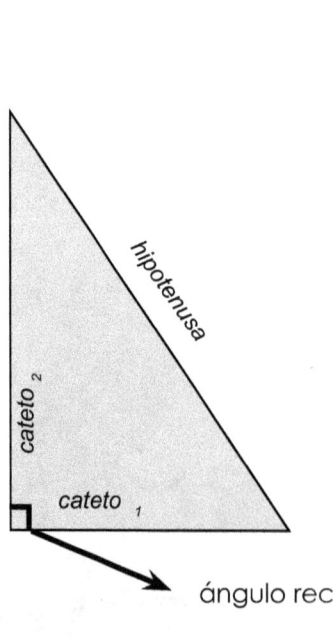

ángulo recto

La palabra **cateto** viene del griego y significa perpendicular. Los catetos forman un ángulo recto, es decir, un ángulo que mide 90°.

La palabra **hipotenusa** también viene del griego y significa tensar fuertemente una cuerda.

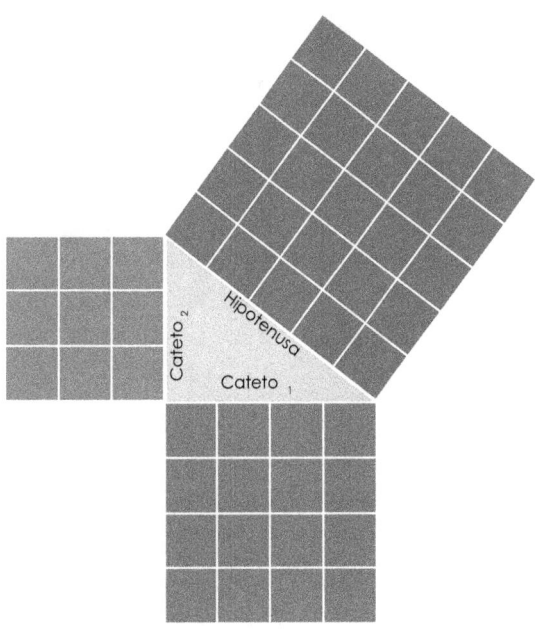

El número de cuadrados rojos más el número de cuadrados azules da como resultado el número de cuadrados verdes.

Así que, en este dibujo, el área del cuadrado grande es igual a la suma de los cuadrados más pequeños.

$3^2 + 4^2 = 5^2$

$9 + 16 = 25$

ÁREA DE UN CUADRADO

Para comprender bien el Teorema de Pitágoras tienes que saber cómo se calcula el área de un cuadrado.

Si tienes un cuadrado como este, en el que cada lado mide 3m, su área es de $9m^2$.

$Área = lado \times lado = lado^2$

$Área = 3m \times 3m = 9m^2$

Demostración fácil del Teorema de Pitágoras

Si colocamos 4 triángulos iguales de estas dos formas:

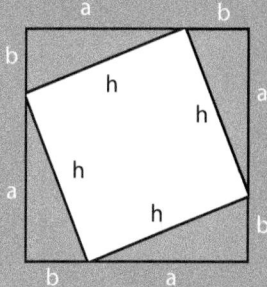

Área blanca

$h.h = h^2$

Área blanca

$a.a + b.b = a^2 + b^2$

El área marrón de los triángulos debe medir lo mismo en cualquiera de las dos dibujos, por tanto el área blanca también debe medir lo mismo:

$$h^2 = a^2 + b^2$$

Puzles Pitagóricos

Los cuadrados construidos con los catetos han sido divididos en varias piezas. Con ellas puedes rellenar el cuadrado que se ha construido con la hipotenusa.

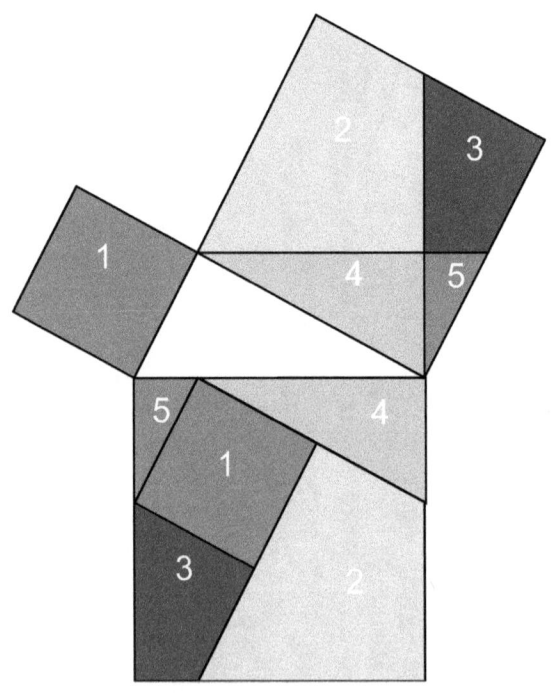

Puzle 1

¡¡¡Observa el criterio que se ha tenido en cuenta para realizar las divisiones de las piezas!!!

Puedes recortar estas piezas con cartulina u otro material y hacer los puzles sobre la mesa.

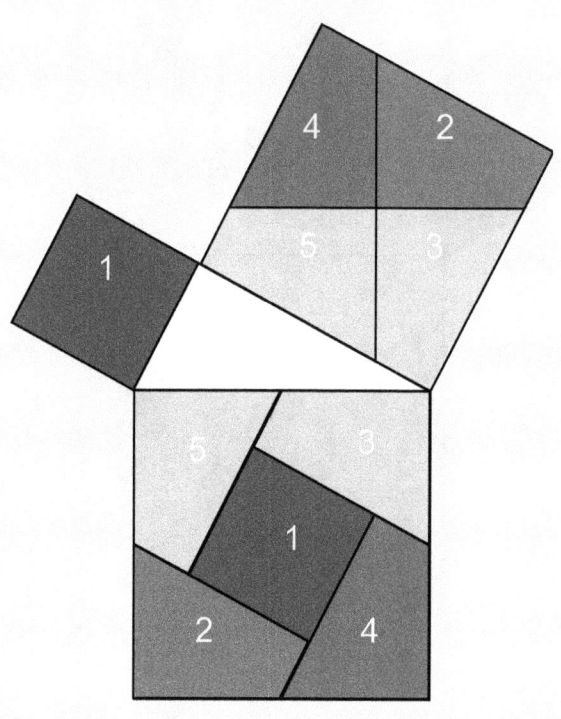

Puzle 2

Puzles Pitagóricos

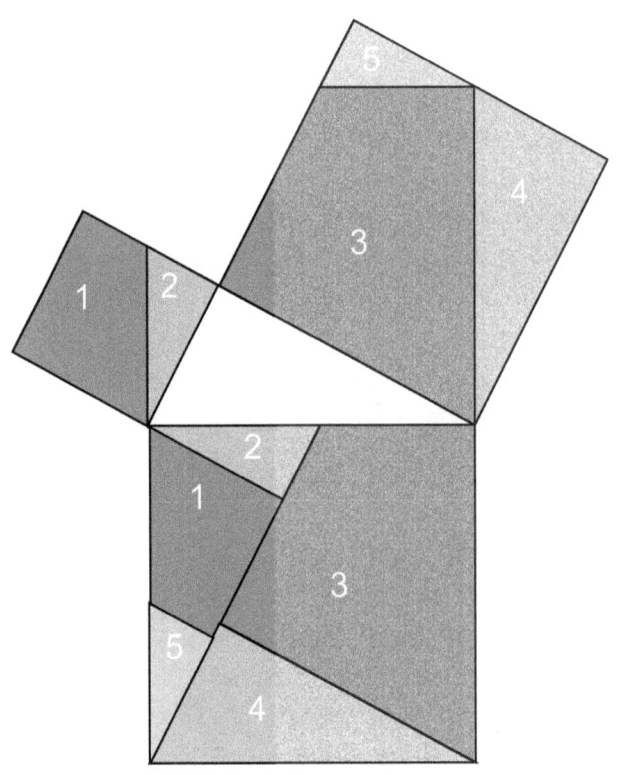

Puzle 3

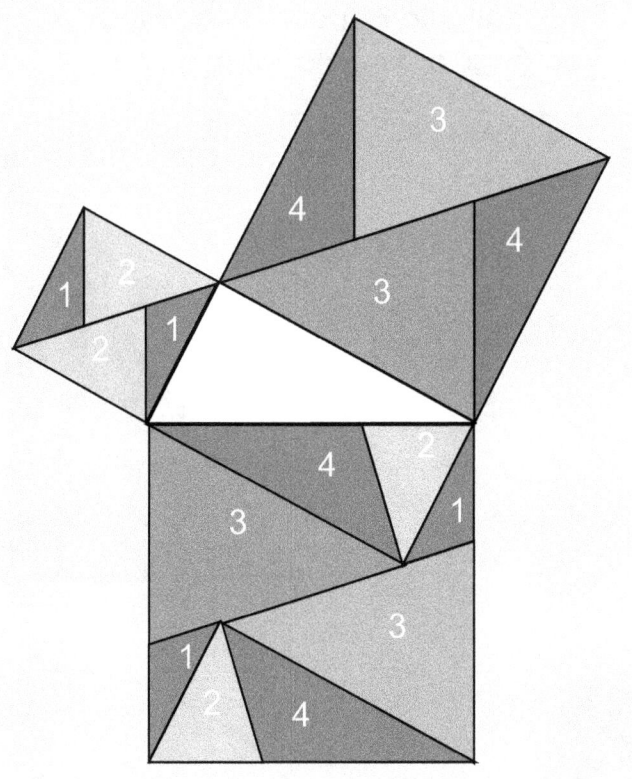

Puzle 4

El Triángulo Egipcio

El **Triángulo Egipcio** es un triángulo rectángulo cuyos lados miden 3, 4 y 5

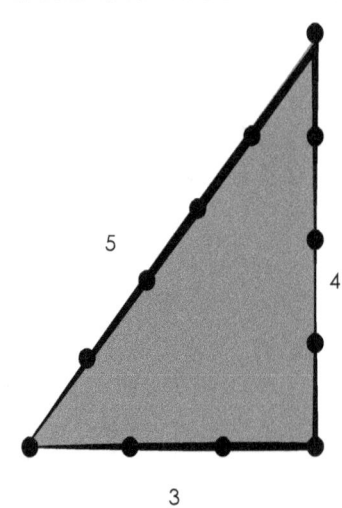

¿Sabes qué hacían en Egipto para dibujar un triángulo rectángulo en el suelo?

En una cuerda realizaban 11 nudos. La distancia entre nudo y nudo siempre era la misma. Luego ataban también los dos extremos, de forma que había 12 nudos.

Ponían una estaca en el suelo y con ella sujetaban la cuerda en uno de los nudos. Luego colocaban otra estaca en el nudo 6. Y otra en el nudo 10.

Cada estaca es un vértice del triángulo, con la seguridad de que uno de sus ángulos es un ángulo recto y sus lados miden 3, 4 y 5 nudos.

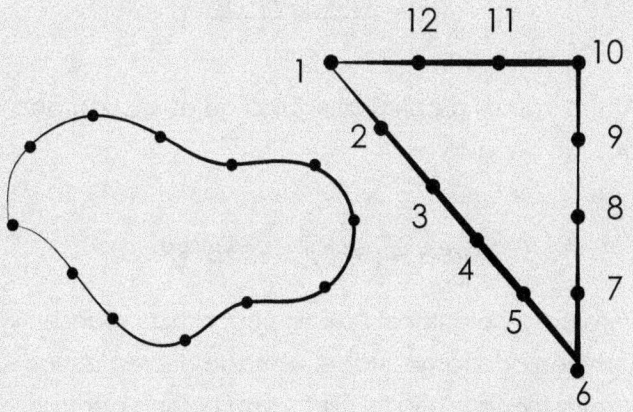

Este sistema se utilizó para obtener ángulos rectos, muy importante en arquitectura desde la más remota antigüedad.

Demostración china del Teorema de Pitágoras

Esta demostración se encontró 400 años antes de que naciera Pitágoras. Tenemos un triángulo rectángulo y lo colocamos 4 veces de la siguiente forma:

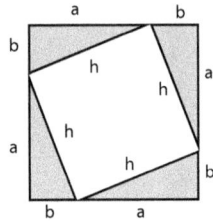

Ahora vamos a calcular el área de este cuadrado grande de lado a+b:

$$\text{área} = (a+b)^2 = a^2+b^2+2.a.b$$

Pero para calcular el área de cuadrado grande también podríamos haber sumado el área de los cuatro triángulos y del cuadrado blanco central:

$$\text{área} = 4.a.b/2 + h^2 = 2.a.b+h^2$$

Así que, como el resultado de estas dos fórmulas debe ser el mismo,

$$a^2+b^2+2.\cancel{a.b} = 2.\cancel{a.b}+h^2$$

$$a^2+b^2 = h^2$$

El área de un triángulo

Tenemos el triángulo rectángulo de catetos a y b y dibujamos un rectángulo.

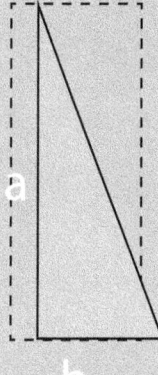

Tenemos un rectángulo de lados a y b, luego su área es **a x b**

Como está dividido por la diagonal, en dos triángulos iguales, entonces el área de cada triángulo será la mitad del área del rectángulo.

$$área = \frac{a.b}{2}$$

Binomio de Newton:

$(a+b)^2 = (a+b).(a+b) = a^2+b^2+2.a.b$

$(a-b)^2 = (a-b).(a-b) = a^2+b^2-2.a.b$

TERNAS PITAGÓRICAS

Se llaman **Ternas Pitagóricas** a cada conjunto de tres números enteros que cumplen:

$$h^2 = a^2+b^2$$

Por ejemplo, 3 - 4 - 5 es una Terna Pitagórica porque

$$5^2 = 3^2+4^2$$
$$25 = 9+16$$

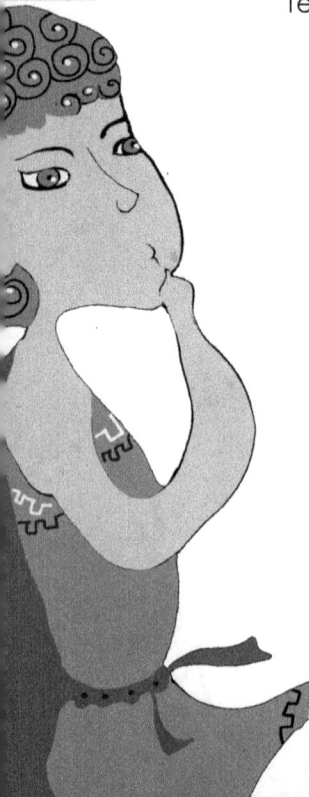

Hay una fórmula para obtener Ternas Pitagóricas. La descubrieron los babilonios, 1.600 años antes de que naciera Pitágoras.

Esta fórmula es la siguiente:

Buscamos dos números cualesquiera y los llamamos p y q. Por ejemplo:

> $p=3$
> $q=2$
>
> p tiene que ser mayor que q y ambos deben ser positivos

Vale, ahora vamos a calcular h, a y b (hipotenusa y catetos) con la fórmula que nos dan los babilonios:

$$h = p^2+q^2$$
$$a = p \times q \times 2$$
$$b = p^2-q^2$$

$h = 3^2+2^2 = 9+4 = 13$

$a = 3x2x2 = 12$

$b = 3^2-2^2 = 9-4 = 5$

Por lo tanto, los números 13, 12 y 5 forman una Terna Pitagórica:

$$13^2 = 12^2+5^2$$

Dando valores a *p* y *q* puedes obtener todas las Ternas Pitagóricas que quieras.

La mosca y la araña

En una habitación hay una mosca y una araña. La mosca está posada en una de las paredes, a un metro del suelo, y la araña está en la pared opuesta a un metro del techo. Las dos se hallan en el medio horizontal de la pared. En este dibujo encontrarás la posición exacta de la araña y de la mosca.

La habitación mide 20m de largo, 10m de ancho y 10m de alto ¡qué alta!.

¿Cuál es el camino más corto que debe recorrer la araña para atrapar a la mosca?

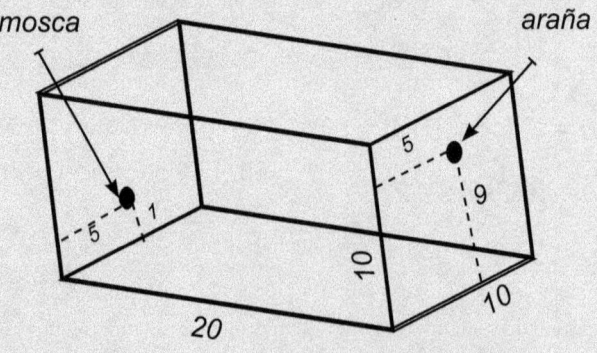

Este acertijo está tomado del libro "El hombre que calculaba" de Malba Tahan

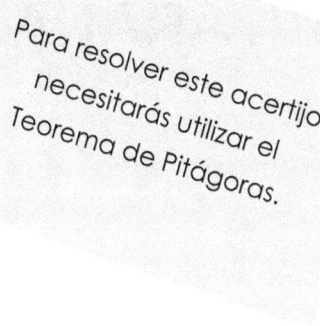

Para resolver este acertijo necesitarás utilizar el Teorema de Pitágoras.

En principio parece que el camino más corto es:

bajar 9m, recorrer otros 20m por el suelo y subir 1m,

TOTAL 30M.

Pero hay otro camino más corto

Vamos a dibujar la habitación, pero de otra forma,

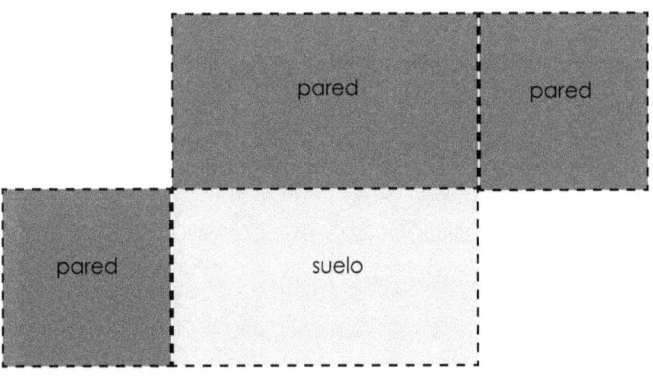

LA MOSCA Y LA ARAÑA

Si recortas y doblas obtienes la habitación en 3 dimensiones.

Ahora vamos a colocar a la mosca y a la araña. Y dibujamos una línea uniéndolas. Ése es el camino más corto.

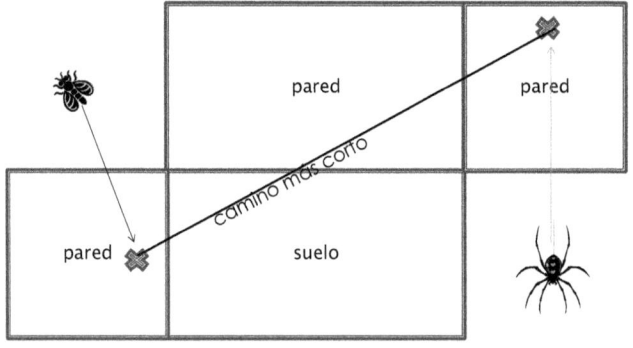

Si has plegado la habitación, verás que la araña debería avanzar en diagonal por las paredes y el suelo.

Vamos a comprobar que ese camino mide menos de 30m.

Dibujamos un triángulo rectángulo, y tenemos que calcular la hipotenusa, que es el recorrido de la araña.

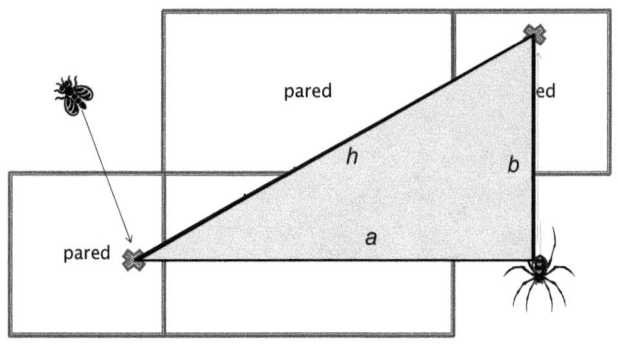

¿Sabemos cuánto miden los catetos a y b? Sí

$$a = 20+1+5 = 26$$
$$b = 5+9 = 14$$

Así que

$$h^2 = a^2+b^2$$
$$h^2 = 26^2+14^2 = 676+196 = 872$$
$$h = \sqrt{872} = 29,53$$

La araña tiene que recorrer 29,53m.

¡Ahorra casi medio metro! No es mucho, pero para una araña...

ACERTIJO DEL POZO

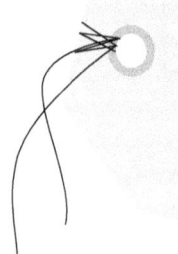

Para resolver este acertijo necesitarás utilizar el Teorema de Pitágoras.

Calcular el área del pozo sabiendo que cada lado de los triángulos equiláteros mide 1m.

Los triángulos equiláteros tienen todos sus lados iguales. Son los triángulos rojos.

(El enunciado de este problema está tomado del libro de matemáticas para 3º de Secundaria de la editorial SM, año 2010)

Solución

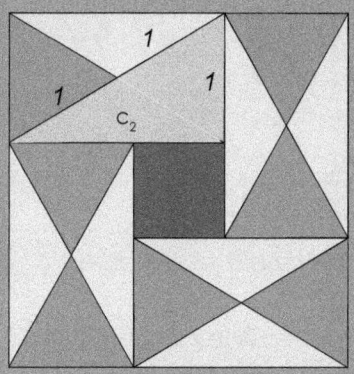

Hemos encontrado este triángulo cuya hipotenusa mide 2 y sabemos que uno de sus catetos mide 1. Así que tenemos la información necesaria para calcular el valor del otro cateto.

$$h^2 = c_1^2 + c_2^2$$
$$c_2^2 = h^2 - c_1^2$$
$$c_2^2 = 2^2 - 1^2 = 4 - 1 = 3$$
$$c_2 = \sqrt{3}$$

Si a c_2 le restamos 1 obtenemos lo que mide el lado del cuadrado central. Así que cada lado mide

$$lado = \sqrt{3} - 1$$

Por lo que el área del cuadrado es:

$$área = lado \times lado = (\sqrt{3} - 1)^2$$

Y aplicando el binomio de Newton:

$$(a+b)^2 = a^2 + b^2 + 2.a.b$$

$$área = (\sqrt{3})^2 + 1^2 - 2.\sqrt{3}.1$$
$$área = 3 + 1 - 2.\sqrt{3} = 0{,}54 \ m^2$$

$$\boxed{área\ del\ pozo = 0{,}54\ m^2}$$

El Teorema de Pitágoras Generalizado

Hasta ahora hemos construido cuadrados alrededor del triángulo rectángulo, pero si construimos otras figuras, el Teorema de Pitágoras se cumple igualmente.

Si trazamos un semicírculo con diámetro h, otro con diámetro a y otro con diámetro b,

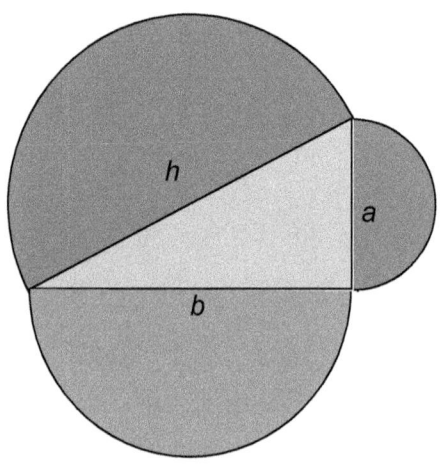

Se cumple que:

El área del semicírculo de diámetro h es igual al área del semicírculo de diámetro a más el área del semicírculo de diámetro b.

Una vez demostrado el Teorema de Pitágoras con cuadrados, podemos comprobar que también se cumple si utilizamos otras figuras.

Este es un ejemplo con hexágonos.

La suma del área de los dos hexágonos formados con los catetos es igual al área del hexágono formado con la hipotenusa.

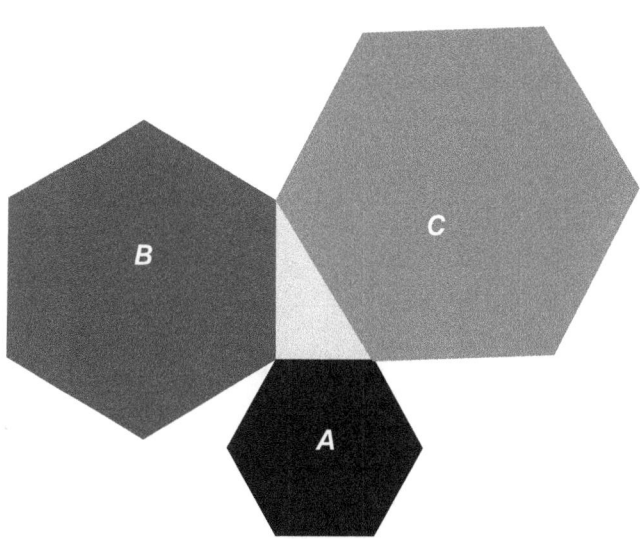

Demostración de Euclides del Teorema de Pitágoras

Euclides fue otro sabio griego, posterior a Pitágoras. Es considerado el padre de la Geometría. Nació en el año 325 a. C.

Este matemático sí dejó obra escrita. Su libro *Elementos* es una recopilación de los conocimientos en Geometría de la época.

En *Elementos*, Euclides realizó una curiosa demostración del Teorema de Pitágoras.

Se basa en una propiedad de los paralelogramos que dice que si desplazamos uno de los lados sobre una línea paralela, su área no varía.

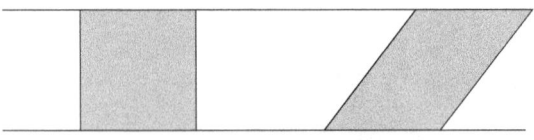

Las áreas de estos paralelogramos son iguales

Desplazamos sobre líneas paralelas los cuadrados formados con los catetos hasta llegar a formar el cuadrado creado con la hipotenusa.

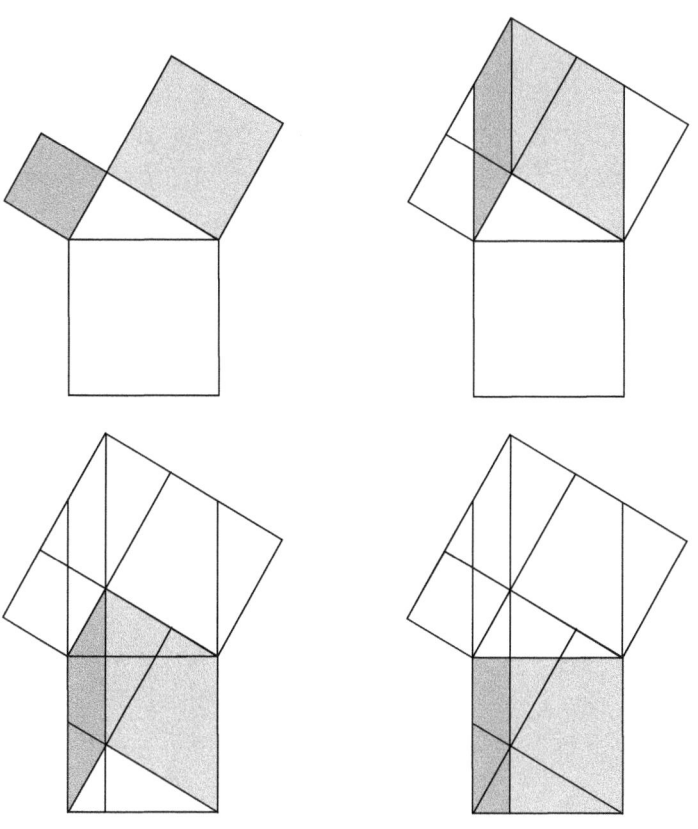

Como has podido ver, Pitágoras
era un gran amigo de los números.
Y espero que tú también.

A partir de ahora Pitágoras y los
Pitagóricos te mostrarán la magia
de las Matemáticas.

Cuentos matemáticos de Alicia

www.ingramcontent.com/pod-product-compliance
Lightning Source LLC
Chambersburg PA
CBHW061450180526
45170CB00004B/1634